Vorwort.

Die folgende Darstellung des gegenwärtigen Standes unserer Kenntnisse eigenartiger, in ihrem Aufbau bisher noch nicht erkannter, in ganz kleinen Mengen wirksamer, lebenswichtiger Nahrungsstoffe wendet sich an die Allgemeinheit. Sie verfolgt nicht die Absicht, eine lückenlose Darstellung der Ergebnisse der außerordentlich zahlreichen experimentellen Arbeiten zu geben. Ebensowenig ist beabsichtigt, auf eine Besprechung der vielen noch strittigen Punkte einzugehen. Es soll das hervorgehoben werden, was feststeht. Ferner soll die außerordentlich wichtige Frage beantwortet werden, wie es mit dem Gehalt unserer Nahrung an jenen eigenartigen Nahrungsstoffen steht. Liegt ein Grund vor, ihr jene noch unbekannten Nahrungsstoffe besonders zuzusetzen? Ist Anlaß zu Sorge vorhanden, daß unsere Nahrung im allgemeinen so beschaffen ist, daß Schädigungen der Gesundheit zu befürchten sind?

Entsprechend dem Ziele, das bei der Abfassung der folgenden Darstellung gesteckt wurde, ist auf Literaturangaben und Nennung von einzelnen Forschern verzichtet worden. Wer sich für Einzelfragen weiteren Rat holen will, der sei auf folgende Zusammenfassungen besonders wichtiger Arbeiten verwiesen:

Franz Hofmeister, Ergebnisse der Physiologie, 16, 1, 1918, S. 510; W. Stepp, Ergebnisse der inneren Medizin und Kinderheilkunde, Berlin, Julius Springer, 1917, S. 257; Emil Abderhalden, Lehrbuch der physiologischen Chemie, 4. Auflage, Band 2, Vorlesung XXIII, Urban & Schwarzenberg, Berlin-Wien, 1921.

Halle a. d. S., im März 1922.

Emil Abderhalden.

Mensch, Tier und Pflanze, kurz jedes Lebewesen, bedarf der Nahrung, um all die mannigfaltigen Funktionen durchführen zu können, die wir mit dem Begriff Leben umfassen. Der direkte Versuch hat gelehrt, daß in der lebenden Zelle ebensowenig wie in der unbelebten Natur Stoffe aus nichts entstehen oder verschwinden können. Der Satz, wonach die gesamte Summe der einzelnen Stoffe im Weltall sich unveränderlich gleich bleibt, gilt auch für jedes Lebewesen. Nun wissen wir, daß diese wachsen und ferner sich vermehren können. Wir können mit der Wage in der Hand verfolgen, wie das Lebewesen seine Zellsubstanz bzw. seine Körpersubstanz vermehrt. Schon diese Beobachtung zwingt zu der Annahme, daß diesem von außen Stoffe zugeführt werden müssen. Wir erkennen in den Bestandteilen der Nahrung Baustoffe für die Zellen oder auch für einen ganzen Zellstaat, einen Organismus.

Nicht nur der wachsende Organismus — wir wollen in der Hauptsache bei den nachfolgenden Betrachtungen unseren eigenen Körper betrachten — bedarf der Baustoffe, sondern auch der erwachsene. Er ist durchaus nicht, wie vielfach angenommen wird, ein in sich abgeschlossenes Ganzes, etwa mit einer Fabrik mit ungezählten Laboratorien vergleichbar, in denen die aufgenommene Nahrung in mannigfacher Weise umgesetzt wird. Vielmehr erkennen wir aus vielen Vorgängen daß unausgesetzt Zellen zugrunde gehen und wieder ersetzt werden. So wissen wir z. B., daß der grüne bis grünbraune Farbstoff der Galle vom roten Blutfarbstoff abstammt. Dieser ist in den roten Blutkörperchen enthalten. Es ist uns nun bekannt, wieviel Gallenfarbstoff im Durchschnitt im Tage zur Abscheidung durch die Leber kommt. Aus der festgestellten Menge läßt sich berechnen, wieviel Blutfarbstoff zur Umwandlung gekommen sein muß. Aus dessen Menge läßt sich wiederum errechnen, wieviel rote Blutkörperchen ihren roten Farbstoff hergegeben haben. Somit erfahren wir, wenigstens annäherungsweise, wieviele rote Blutkörperchen im Tage zugrunde gehen. Da nun ihre Anzahl im Blute in engen Grenzen sich gleich bleibt, so wissen wir, daß ständig neue Blutkörperchen gebildet werden. Sogar Knochen sind in fortwährender Umbildung begriffen. Bald wird da, bald dort ein Knochenteil umgebaut. Es kommt zum Abbau und zum Wiederaufbau.

Wir erkennen somit, daß auch der Erwachsene bestimmter Stoffe als Baumaterial für Zellen und Gewebe bedarf. Wollen wir erfahren, welcher Art diese sein müssen, dann erscheint das Nächstliegende, eine Untersuchung unserer Zellen auf ihre einzelnen Bestandteile zu sein. Genau so, wie wir beim Bau eines Hauses auf Grund der vorhandenen Erfahrungen die einzelnen Materialien bestimmen, folgern wir, daß alle Bestandteile, die wir bei der Analyse eines Organismus feststellen können, auch in der Nahrung in irgendeiner Form enthalten sein müssen. Wir können auch einen anderen Weg einschlagen und eine Analyse der Nahrung vornehmen. Wir laufen dabei so lange keine Gefahr, Irrtümer zu begehen, solange wir die natürliche Ernährung als Grundlage wählen. Wir sehen die im Freien lebenden Tiere wachsen und gedeihen. Die erwachsenen Tiere behalten unter natürlichen Bedingungen innerhalb gewisser Grenzen ihr Körpergewicht bei, wenn nicht Besonderheiten hinzutreten, wie Mangel an Nahrung usw. Sobald aber die Ernährung durch bestimmte äußere Momente bedingt sich von der frei gewählten, natürlichen, vielfach durch den Instinkt geleiteten entfernt, ergeben sich Schwierigkeiten. Wir sind bei der Auswahl der Nahrung vielfach vom Angebot, von den Kosten usw. abhängig. Dazu kommt, daß wir die meisten Nahrungsmittel nicht in der Form aufnehmen, wie die Natur sie uns bietet. Wir kochen sie vielfach und lassen auch noch andere Zubereitungsarten hinzutreten.

Es gibt ein Nahrungsmittel, das ohne Zweifel wenigstens für eine bestimmte Periode des Lebens ausreichend sein muß, weil während dieser das Lebewesen ganz auf es angewiesen ist, nämlich die Milch. Die Feststellung ihrer Zusammensetzung muß uns auch einen Einblick in jene Stoffe, Nahrungsstoffe genannt, geben, die notwendig sind, damit der Organismus seine Funktionen voll erfüllen kann. Bei den Nichtsäugetieren enthält das Ei in seinem Dotter Nahrungsstoffe, die ausreichen müssen, um die befruchtete Eizelle in ihrer Entwicklung bis zu einem Lebewesen zu entwickeln, das sein Futter selbst in der Natur suchen kann. Das Studium der Bestandteile der Milch und des Eidotters muß uns einen Einblick in jene Stoffe geben, die als Nahrungsstoffe not-

wendig sind. Nun finden wir in der Tat in der Nahrung und im
Organismus, der von dieser lebt, die gleichen Grundstoffe.

Man lernte erkennen, daß wir mit unserer Nahrung Vertreter
der Kohlehydrate (Zuckerarten) aufnehmen, ferner Fette
und Eiweißstoffe. Alle diese Nahrungsstoffe enthalten
Kohlenstoff, Wasserstoff und Sauerstoff. Den Eiweißstoffen kommt
außerdem das Element Stickstoff zu. Der Chemiker faßt alle
Kohlenstoffverbindungen unter dem Namen organische Verbindungen zusammen. In diesem Zusammenhang werden die eben
erwähnten Nahrungsstoffe organische genannt. Zu den
anorganischen gehören bestimmte Mineralstoffe,
Wasser und Sauerstoff. Der letztere Nahrungsstoff steht
uns in der Luft zur Verfügung. Wir atmen ihn mit dieser ein.
In der Lunge geht er ins Blut über und wird dann in der Blutbahn
allen unseren Zellen zur Verfügung gestellt. Alle anderen Nahrungsstoffe nehmen wir durch die Mundhöhle auf. Es setzt schon
in dieser die Verdauung ein. Wir verstehen darunter die Einwirkung von Drüsenabsonderungen auf bestimmte Nahrungsbestand-
teile und zwar handelt es sich um die Bildung kleinerer Bruch-
stücke aus größeren Komplexen. Diese Zerlegung, auch Abbau
genannt, vollzieht sich mittels eigenartiger, in den Säften der
Verdauungsdrüsen enthaltener Stoffe, Fermente genannt. In
der Mundhöhle enthält der Speichel solche Fermente. Von ihr
gelangt die Speise in den Magen. Hier unterliegt sie der eingreifen-
den Einwirkung des von den Magendrüsen abgesonderten Magen-
saftes. Vom Magen geht der Speisebrei in den Darm über und
wird nun hier ganz umfassend verdaut. Die Bauchspeicheldrüse
entsendet zu diesem Zwecke eine Mehrzahl verschieden wirkender
Fermente. Auch die Darmdrüschen beteiligen sich an der Verdauung. Sie liefern den Darmsaft. Die zusammengesetzten
Bestandteile der Nahrung unterliegen bei der Verdauung einer
interessanten Umwandlung. Aus kompliziert gebauten, zusammengesetzten Nahrungsstoffen gehen einfachere Produkte her-
vor. Sie werden von der Darmwand aufgenommen und den Körperzellen zu ihren Zwecken zur Verfügung gestellt. Sie bauen zum
Teil aus den ihnen zugeführten Substanzen wieder sehr mannigfaltig gebaute, zusammengesetzte Produkte nach eigenen Plänen auf.

Wir brauchen nicht nur Nahrungsstoffe, damit unsere Körperzellen ihren Bestand erhalten können, damit neue Zellen zum Auf-

bau gelangen und etwaige Lücken im Material der Zellen wieder ergänzt werden können. Vielmehr bedürfen wir auch bestimmter Nahrungsstoffe, damit den Zellen E n e r g i e zur Verfügung steht. Bleiben wir bei unserem Organismus. Er zeigt beständig eine innerhalb enger Grenzen sich gleich bleibende Temperatur, es mag in der Umwelt warm oder kalt sein. Ferner bemerken wir, daß ein sehr großer Teil der Lebewesen Bewegungen zeigen. Bei uns schlägt das Herz ununterbrochen. Die Atmung geht. Dazu kommen dann noch besondere „äußere" Arbeitsleistungen, wenn wir unseren Körper aufrechthalten, wenn wir gehen, wenn wir Holz hacken usw. usw. Nun gilt, wie wiederum besondere Versuche ergeben haben, auch für die lebende Zelle der Satz, daß in ihr keine Energie (Kraft) aus nichts entstehen kann. Sie kann aber auch nicht verschwinden. Die gesamte Summe der im Weltall vorhandenen Energieformen bleibt sich immer gleich. Wärmebildung und Arbeitsleistung (Muskelarbeit) erfordern Energie. Wir entnehmen sie den mit der Nahrung aufgenommenen bzw. in unserem Körper vorhandenen organischen Nahrungsstoffen. Diese werden unter Durchlaufung mannigfaltiger Zwischenstufen bis zu Produkten abgebaut, über die hinaus eine weitere Zerlegung nie statthat. Man nennt diese letzten Produkte des Stoffwechsels Stoffwechselendprodukte. Die Zuckerarten und Fette liefern Kohlensäure und Wasser, die Eiweißstoffe außerdem in der Hauptsache Harnstoff.

Wenn in unserem Körper ein Gramm Zucker zu den erwähnten Stoffwechselendprodukten zerlegt worden ist, dann haben den Zellen 4 Kilogramm-Kalorieen zur Verfügung gestanden, d. h. eine Wärmemenge, die imstande ist, viermal ein Kilogramm Wasser um einen Grad zu erwärmen. Ein Gramm Fett liefert unter den gleichen Verhältnissen neun große Wärmeeinheiten, d. h. mehr als doppelt so viel Energie als ein Gramm Kohlehydrat. Eiweiß liefert etwa die gleiche Energiemenge wie die Kohlehydrate, d. h. auch 4 Kal. pro 1 Gramm.

Wir haben nun bereits festgestellt, daß wir Nahrungsstoffe zum Aufbau und Ausbau von Zellen benötigen und ferner zur Belieferung der einzelnen Körperzellen mit Energie. Damit ist, wie man mehr und mehr erkannt hat, die Bedeutung der Nahrungsstoffe bei weitem nicht erschöpft. Wir wissen, daß manche Zellarten Stoffe nach außen abgeben. Wir stießen auf diese Zellfunktion bei der Besprechung der Verdauung. Wir sprechen von der Abgabe von Sekreten. Sie haben je nach der Zellart, von der sie herstammen, eine ganz besondere Zusammensetzung. Man nennt die Sekrete bildenden Zellarten auch Drüsenzellen. Sie bereiten aus Bestandteilen, die sie dem Blute entnehmen, unter eingehenden Umwandlungsvorgängen ein Produkt, das besondere Aufgaben, wie z. B. die Verdauung von Nahrungsbestandteilen, zu erfüllen hat, und das von der Zelle nach außen, z. B. in den Verdauungskanal, abgegeben wird.

Nun gibt es in unserem Organismus eine ganze Reihe von Organen, wie die Schilddrüse, die Thymusdrüse, die Epithelkörperchen, den Gehirnanhang, die Nebennieren, von denen man lange Zeit nicht recht wußte, ob und was für eine Bedeutung sie für den gesamten Organismus besitzen. Erst allmählich erkannte man, daß auch sie Stoffe ganz bestimmter Art bilden. Manches dieser Organe ist lebenswichtig, d. h. fehlt es bzw. fehlen seine Funktionen, dann geht der Organismus zugrunde. Bei anderen Organen beobachtet man nur mehr oder weniger schwere Ausfallserscheinungen, wenn ihre Funktionen gestört sind. Gewisse Organe, wie z. B. die Bauchspeicheldrüse und die Geschlechtsdrüsen, geben Stoffe nach außen und auch solche nach innen, d. h. an die Blutbahn ab. Man nennt die letztere Art der Stoffabgabe im Gegensatz zur Sekretion Inkretion. Man stellt sich vor, daß der gesamte Zellstoffwechsel in all seinen Feinheiten von Stoffen beeinflusst und geleitet wird, die aus bestimmten Organen herstammen.

Wir haben somit Nahrungsstoffe und zwar ganz bestimmter Art notwendig, damit bestimmte Zellarten Material zur Bildung von Sekreten und Inkreten erhalten. Ohne diese Produkte ist ein geregelter Ablauf des Zellstoffwechsels nicht möglich. Es treten Störungen auf, die entweder rasch zum Tode führen oder aber mehr und mehr zunehmende schwere Leiden im Gefolge haben. Würden die Verdauungssäfte ausbleiben, dann wäre die Anpassung der Bestandteile der Nahrung an unsere Zellen unmöglich. Wir müßten verhungern, obwohl der Darm mit Nahrungsstoffen aller Art überladen wäre! Die in den Verdauungssäften enthaltenen Fermente zerstören die eigenartige, unseren eigenen Zellen fremde Konstruktion (Struktur) der zusammengesetzten Nahrungsstoffe unserer Nahrung. Sie bereiten aus jeglicher Art

von aus mehreren Bausteinen bestehenden Nahrungsstoffen gleich-
artige Bausteine, die unseren Körperzellen vertraut sind. Von
diesen ausgehend, bauen unsere Zellen Zellbestandteile auf; bestimmte Zellarten bereiten aus ihnen Sekrete, andere Inkretstoffe.

Es setzten mit der Erweiterung unserer Kenntnisse über die
Bedeutung der einzelnen Nahrungsstoffe in großer Zahl Unter-
suchungen über mannigfaltige Fragestellungen auf dem Gebiete
der Ernährung ein. Es interessierte, wie große Mengen von den
einzelnen Nahrungsstoffen wir benötigen. Man suchte nach Be-
ziehungen bestimmter Nahrungsstoffe zu bestimmten Leistungen
der Zellen. Man entdeckte, daß unsere Muskeln im wesentlichen
und vielleicht auch ganz ihre Arbeitsleistungen mit Zucker voll-
führen. Ein genaueres Eingehen auf die Art und Weise, wie die
Muskelzelle die in diesem gebundene Energie sich verfügbar macht,
führte zu außerordentlich wichtigen Ergebnissen. So fand man,
daß der Muskel nicht zuerst Wärme aus der chemischen Energie
der organischen Nahrungsstoffe erzeugt, sondern sie vielmehr
direkt zur Arbeitsleistung verwendet. Von besonders großem
Interesse war die Frage, was aus jedem einzelnen Nahrungsstoff
in unserem Körper wird, angefangen von der Aufnahme in den
Darmkanal bis zur Ausscheidung aus dem Körper in Gestalt der
Stoffwechselendprodukte. Es ist ein reizvolles Problem, jeder
einzelnen Stufe des Abbaus im Darmkanal unter der Wirkung
der Verdauungsfermente zu folgen und vor allem all den mannigfaltigen Umwandlungen der einzelnen organischen Verbindungen
im Zellstoffwechsel nachzugehen. Bald hatte man erkannt, daß
in den Zellen ein organischer Nahrungsstoff in einen anderen
übergehen kann. Unsere Körperzellen bauen Zucker in Fett
um. Sie bilden ferner aus bestimmten Bausteinen der Eiweißstoffe Zucker!

Schließlich wurde ein auch heute noch im Fluß befindliches
Forschungsgebiet von der allergrößten Bedeutung erschlossen.
Man hatte zunächst die Mineralstoffe in der Hauptsache als Bausteine von Zellen und Geweben betrachtet und ferner ihre Bedeutung zur Aufrechterhaltung bestimmter physikalischer Bedingungen in Körperflüssigkeiten und in Zellen hervorgehoben. Heute
wissen wir, daß die Mineralstoffe sämtlich zur Gruppe derjenigen
Nahrungsstoffe gehören, die spezifische Wirkungen entfalten. Es
ist uns bekannt, daß die einzelnen Mineralstoffe, in Wasser gelöst,

Wirkungen entfalten, die auf das feinste gegeneinander abgestimmt sind. Es ist uns ferner mehr und mehr bekannt geworden, daß der ganze Zustand der Zellinhaltsstoffe von grundlegender Bedeutung für das gesamte Zellgeschehen ist. Wir treffen auf Stoffe in den Zellen, die den feinsten uns bis jetzt bekannten Verteilungsgrad in Wasser darstellen, nämlich auf Jonen. Es sind aus Salzen, Basen und Säuren durch Spaltung hervorgehende Teilchen, die gegenüber den Molekülen, aus denen sie hervorgehen, durch ganz besondere Eigenschaften, wie elektrische Ladung usw., ausgezeichnet sind. Die Jonen haben je nach ihrer Art ganz spezifische Wirkungen auf Zellfunktionen. Außer diesem Zustand treffen wir in den Körperflüssigkeiten (Blut, Lymphe) und den Zellen auf molekular gelöste Stoffe mit ihren besonderen Eigenschaften. An sie reihen sich der Größe der gelösten Teilchen entsprechend Stoffe im sogenannten kolloiden Zustand. Dieser ganz besonders interessante und ohne Zweifel für eine große, wenn nicht für alle Lebensvorgänge grundlegende Zustand zeigt alle möglichen Übergänge. Charakteristisch ist für diesen Zustand seine leichte Veränderlichkeit. Ferner diffundieren im kolloiden Zustand befindliche Stoffe nicht durch tierische Membranen hindurch.

Sämtliche Zellbestandteile stehen in innigsten Wechselbeziehungen zu einander. Sie bedingen ihren Zustand in mancher Hinsicht gegenseitig. Kein einziger Zellinhaltsstoff ist ohne große Bedeutung. In allerinnigster Beziehung zu den im kolloiden Zustand befindlichen Stoffen steht das Wasser. Es wird von kolloiden Teilchen unter bestimmten Bedingungen aufgenommen und zäh festgehalten. Jedes kolloide Teilchen zeigt einen gewissen Quellungsgrad. Wird an irgend einer Stelle das harmonische Zusammenarbeiten der gesamten Zellinhaltsstoffe gestört, dann ergeben sich Ausfallserscheinungen, sofern die Zelle nicht einen Ausgleich schaffen kann. Das Leben ist auch in der Zelle ein ewiger Kampf um Gleichgewichte. Bald wird hier, bald dort etwas verändert. Sofort vollzieht die Zelle Gegenmaßnahmen. Versagt sie in dieser Hinsicht, dann treten Störungen auf.

So hat man mehr und mehr die grundlegende Bedeutung der Mineralstoffe und ferner der Zustandsformen, in denen die einzelnen Stoffe im Körper zugegen sind, erkannt. Man weiß jetzt, daß keinem einzigen Nahrungsstoff und keinem Bestandteil der Zellen eine mindere Bedeutung oder eine einzig dastehende Bedeutung zukommt, vielmehr ist die Zelle, soll sie ihre Aufgaben vollkommen durchführen können, auf sämtliche Zellinhaltsstoffe in ihrem Wechselspiel angewiesen. Wohl wissen wir, daß diesem oder jenem Zellinhaltsstoff diese oder jene besondere Wirkung eigen ist. Sie kommt jedoch nur dann zur Geltung, wenn die erforderlichen Bedingungen, die für ihren besonderen Einfluß grundlegend sind, erfüllt sind, und dazu gehören in erster Linie die in feinster Weise aufeinander abgestimmten Zustandsformen und Wechselbeziehungen aller in den Zellen und Gewebsflüssigkeiten vorhandenen Bestandteile. Nur wenn wir von diesem höheren Gesichtspunkte aus den Zellstoffwechsel, die Leistungen der einzelnen Zellen und damit den Stoffwechsel des ganzen Körpers und zugleich seine Gesamtleistungen betrachten, vermögen wir die Bedeutung jedes einzelnen Nahrungsstoffes, wenn wir seinen besonderen Funktionen nachgehen, richtig zu würdigen. Wir dürfen nicht über besonderen Fragestellungen die großen Gesichtspunkte verlieren.

Beim Studium der Ernährung unter bestimmten Bedingungen erkannte man frühzeitig, daß **nicht jedes Nahrungsmittel und vor allem nicht jeder Nahrungsstoff vollwertig ist.** Von dieser Feststellung aus hat sich mit der Zeit ein Forschungsgebiet entwickelt, das jetzt im Mittelpunkt des ganzen Interesses in Ernährungsfragen steht. Es hat insbesondere die stark verminderte Möglichkeit, während der Kriegszeit eine Auswahl unter mehreren Nahrungsmitteln zu treffen, dazu geführt, daß nicht nur viele Monate hindurch der bei weitem größte Teil des Volkes eine Nahrung erhielt, die die einzelnen Nahrungsstoffe in zum Teil viel zu geringer Menge aufwies, sondern sie war vielfach in ihrer Zusammensetzung, auch in bezug auf die Art der einzelnen Nahrungsstoffe unzureichend. Erscheinungen aller Art, wie die bekannten Ödeme, vereinzelt Skorbut und gewiß noch manche ungenügend erkannte Störung waren die Folge dieser einseitigen und mangelhaft zusammengesetzten Nahrung.

Wir wollen nun im folgenden kurz darstellen, was uns von Nahrungstoffen und von Abkömmmlingen von solchen bekannt ist, die eine besondere Wirkung im Zellleben haben. Wir müssen dabei zwei Wirkungen unterscheiden: Einmal sind wohl alle Nahrungsstoffe in irgendeiner Art als Zellbausteine zu betrachten, sei es nun, daß sie zum Aufbau von zusammengesetzten Verbindungen dienen, sei es, daß sie selbst im Zellinhalt enthalten sind und mithelfen, jene unerläßlichen Bedingungen zu schaffen, die im Zustand aller Bestandteile der Zellen zum Ausdruck kommen, sei es, daß Umwandlungsprodukte irgendwelcher Art in Form von Sekreten, Inkreten und von im Zellverband verbleibenden Produkten eine Rolle spielen. Man kann sich sehr wohl vorstellen, daß es außer den zwar innerhalb des den Körper zusammensetzenden Zellstaates verbleibenden Inkretstoffen noch solche gibt, die von jenen Zellen, die sie hervorbringen, behalten werden. Man könnte diese Endokrete nennen. Man hätte in diesem Falle zwischen Endo- und Inkretstoffen zu unterscheiden. Es kann ferner ein Nahrungsstoff bzw. ein Nahrungsstoffbestandteil an und für sich im Sinne eines Reizstoffes, d. h. eines Produktes, das bestimmte Zellvorgänge anfacht, anregt, wirksam sein. Vielfach dürften die Verhältnisse so liegen, daß ein bestimmter Stoff in mehrfacher Hinsicht von Bedeutung ist. Sein Fehlen hat dann mannigfache Folgen. Es ist unsere Aufgabe, aus einer ganzen Kette von Folgeerscheinungen das Anfangsglied herauszufinden und so Wechselbeziehungen und Abhängigkeiten von Zellfunktionen voneinander nachzuspüren.

Wir wollen die eben besprochenen Möglichkeiten der besonderen Bedeutung eines Nahrungsstoffes an Hand von Beispielen erörtern. Die Milch ist für den Säugling nur eine bestimmte Zeit lang ein vollwertiges Nahrungsmittel. Sie enthält nämlich auffallend wenig Eisen. Das Kind erhält bei der Geburt einen großen Vorrat von Blutfarbstoff mit. Dieser enthält Eisen. In den ersten Monaten der ausschließlichen Ernährung mit Milch bildet der Säugling aus vorhandenen Eisenvorräten und aus dem mit dem genannten Nahrungsmittel zugeführten Eisen neuen Blutfarbstoff. Bald hält jedoch diese Neubildung nicht mehr Schritt mit den rasch wachsenden Geweben des Säuglings. Er wird blutarm, wenn nicht rechtzeitig zu eisenreicherer Nahrung übergegangen wird. Man kann einem Säugling schweren Schaden zufügen, wenn man ihm über 6 bis 7 Monate hinaus nur Milch gibt! Die Zugabe von etwas Gemüse (z. B. Spinat, fein zerhackte Karotten usw.), von Eiern, ja sogar unter Umständen von etwas Fleisch hat den Zweck, dem Säugling Baumaterial zur Bildung von Blutfarbstoff zuzuführen und auch den Eisengehalt jeder einzelnen Körperzelle auf der notwendigen Höhe zu erhalten. Mit anderen Worten: es wird die zur Ernährung des Säuglings über eine gewisse Zeit hinaus nicht ausreichend zusammengesetzte Nahrung „Milch" durch jene Zusätze vollwertig gemacht. Gewiß haben wir eine Doppelfunktion des Nahrungsstoffes „Eisen" vor uns. Auf der einen Seite dient er als Baustein zur Blutfarbstoffbildung, und dann hat er außerdem noch in allen Zellen andere bedeutsame Aufgaben zu erfüllen.

Wir wissen, daß manche Eiweißstoffe unzureichend sind. Es ist dies vom Leim, der Gelatine, schon längst bekannt. Es muß hier erwähnt werden, daß wir ohne eine bestimmte Menge von vollwertig zusammengesetztem Eiweiß nicht leben können. Dieses Eiweiß vermag die Gelatine nicht zu ersetzen. Nun fehlen dem Leim bestimmte Bausteine. Fügt man ihm diese hinzu, dann entsteht ein vollwertiges Produkt. Ebenso ist uns bekannt, daß zum Beispiel im Mais ein Eiweißkörper, Zein genannt, vorhanden ist, der nicht alle Eiweißbausteine besitzt. Auch er erweist sich erst nach Zugabe der fehlenden Bausteine als ein vollwertiger Nahrungsstoff. Es sind noch eine ganze Reihe von Nahrungsmitteln aus der Pflanzenwelt bekannt geworden, die erst nach bestimmten Zusätzen bekannter Nahrungsstoffe bzw. von Bausteinen von solchen vollwertig werden.

In allen diesen Fällen kennen wir die fehlenden Bestandteile der Nahrung genau und können für Ersatz sorgen. Wir können ferner einen bestimmten vollwertigen Eiweißkörper nach Belieben unzureichend oder zureichend machen. Wir wissen, daß an Stelle des Eiweißes seine Bausteine gegeben werden können. Eiweißstoffe sind zusammengesetzte Verbindungen. Wir können sie leicht in jene Produkte zerlegen, aus denen sie sich zusammensetzen. Aus dem Bausteingemisch können wir Bausteine weglassen und wieder hinzufügen. Es zeigte sich, daß bestimmte Eiweißbausteine ganz unersetzbar sind. Fehlen sie, dann treten schwerste Störungen auf, die bald zum Tode führen. In anderen Fällen zeigt sich in besonders hohem Maße eine Störung des Wachstums. Man wird sicherlich in Zukunft die Wirkung der einzelnen Eiweißbausteine noch schärfer erfassen können. Bis jetzt ist uns bekannt, daß sie zum Aufbau von Zelleiweiß erforderlich sind. Den einen oder anderen Eiweißbaustein können die Zellen selbst bauen, jedoch bei weitem nicht alle. Aus manchen Eiweißbausteinen werden Inkretstoffe gebildet. Mehrere Bausteine der Eiweißkörper regen den Zellstoffwechsel an. Man hat durchaus den Eindruck, daß in vielen Fällen bei bestimmten Eiweißbausteinen ganz besondere Wirkungen vorliegen.

Während wir bei den erwähnten Beispielen, die sich insbesondere in Hinsicht auf die Mineralstoffe leicht vermehren ließen — es sei nur an die unbedingte Notwendigkeit des Kalkes, der Phosphorsäure usw. für den Aufbau der Knochen und zugleich für jede Zelle, vor allem an die große Bedeutung der Phosphorsäure für den Stoffwechsel der Muskelzellen erinnert —, bekannte Nahrungsstoffe vor uns haben, ist man im Laufe der Zeit von verschiedenen Gesichtspunkten aus auf Beobachtungen gestoßen, die uns mehr und mehr gezwungen haben, mit der Möglichkeit zu rechnen, daß zur Aufrechterhaltung des gesamten Zellstoffwechsels außer den uns bekannten Stoffen noch solche notwendig sind, über deren Natur wir noch nicht unterrichtet sind. Diese Möglichkeit hat sich schließlich zu der sicheren Annahme verdichtet, daß wir zur Zeit noch nicht alle Stoffe kennen, die in unserer Nahrung enthalten sein müssen, sollen all die so kompliziert ineinander greifenden Zellvorgänge in normalen Bahnen ablaufen.

Zwei Forschungswege und Erfahrungen haben zu dem gleichen Ergebnis, nämlich zu der Annahme von in unserer Nahrung enthaltenen, bisher in ihrem Bau und Wesen noch nicht erkannten, lebenswichtigen Stoffen geführt. Schon seit langer Zeit kannte man Krankheiten, für die man keine andere Ursache als die Art der Ernährung auffinden konnte. So beobachtete man bei einer längere Zeit umfassenden Ernährung mit bestimmten Konserven, mit Pökelfleisch, Schiffszwieback usw., das Auftreten von sehr schweren, schließlich zum Tode führenden Erscheinungen. Es treten Blutungen in den Schleimhäuten, insbesondere im Zahnfleisch auf. Es kommt auch zur Bildung von Geschwüren. Die Zähne lockern sich und fallen aus. Allmählich gesellt sich zunehmende Blutarmut und Körperschwäche hinzu. Man nennt diese Krankheit Skorbut. An ihr gingen früher viele Menschen zugrunde, vor allem Segelschiffahrer, Forschungsreisende usw. Sie tritt nur dann ein, wenn bestimmte, besonders zubereitete Nahrungsmittel über eine längere Zeit hindurch die ausschließliche Nahrung bilden. Schon lange wußte man, daß die Krankheit sich durch Verabreichung von Fruchtsäften, von frischem Gemüse heilen bzw. verhindern läßt. Geringe Mengen von Himbeersaft usw. genügen in nicht zu vorgeschrittenen Fällen zur Heilung. Ebenso haben schon geringe Gemüsemengen Erfolg.

Eine weitere eigenartige, ganz bestimmt mit der Art des aufgenommenen Nahrungsmittels in Zusammenhang stehende Krankheit ist die Pellagra. Sie findet sich in Rumänien, Norditalien, in gewissen Gegenden Rußlands und in Ungarn. Überall treffen wir auf die gleiche Art der Hauptnahrung, nämlich auf Mais. Die Krankheit ist in ihren Erscheinungen mannigfaltig. Es zeigen sich nervöse Störungen, Erscheinungen von seiten der Haut usw.

Ganz besonders eingehend studiert ist die sogenannte Beriberi-Krankheit. Sie findet sich in Ländern, in denen die Bevölkerung als Hauptnahrung geschliffenen Reis aufnimmt. Das Hauptverbreitungsgebiet dieser sehr schweren, mannigfaltige Erscheinungen aufweisenden Krankheit sind Ostasien, die Ostküste von China, Japan, Vorder- und Hinterindien und die Inseln des Malayischen Archipels.

Immer wieder hat man auch eine eigenartige Erkrankung von Säuglingen und in der Hauptsache von Milch lebenden Kindern auf die Art der Ernährung zurückgeführt. Sie hat eine gewisse Ähnlichkeit mit dem Skorbut. Man hat sie nach ihren Entdeckern die Moeller-Barlowsche Krankheit genannt. Zu hoch und lang erhitzte Milch soll sie verursachen.

Man ist namentlich in neuerer Zeit auch geneigt, die sogenannte englische Krankheit, die Rachitis, in Zusammenhang mit der Art der Nahrung zu bringen. Bald beschuldigte man den Mangel der Nahrung an Baustoffen für die Knochenbildung, wie Kalksalze und Phosphorsäure, d. h. also an bekannten Nahrungsstoffen, bald trat mehr die Meinung in den Vordergrund, daß der Mangel an bisher unbekannten Nahrungsstoffen die bekannten Erscheinungen der Rachitis bewirke. Es ist zur Zeit nicht möglich, ein abschließendes Urteil über die verschiedenen Meinungen abzugeben. Echte Rachitis und ihr ähnliche Erkrankungen sind oft nicht genügend auseinandergehalten worden.

Endlich sei noch einer Beobachtung gedacht, deren Kenntnis weit zurückliegt, ohne daß man eine genaue Erklärung finden konnte. Man bemerkte, daß Leute, die längere Zeit hindurch einseitig, d. h. ohne Abwechslung mit gleichen Nahrungsmitteln ernährt werden, blaß aussehen. Sie zeigen oft Appetitlosigkeit, sie fühlen sich schwach und hinfällig. Man hat diesem Zustand die zutreffende Bezeichnung des Abgegessenseins gegeben. Auf diese Erscheinung traf man vor allem bei Massenspeisungen. Insassen von Gefängnissen, von Krankenhäusern, Altersheimen usw. fielen trotz anscheinend vollkommen ausreichender Nahrungszufuhr mehr und mehr ab.

Bleiben wir zunächst bei den oben aufgeführten Erkrankungen. Man hatte immer wieder einen Zusammenhang mit der Art der Ernährung vermutet. Man dachte an ein Verderben der Nahrungsmittel. Es sollten in ihnen giftige Stoffe entstehen, die dann den Organismus schädigen. Man wäre wohl kaum zu der Erkenntnis der wahren Ursache der beobachteten Krankheitserscheinungen gekommen, wenn es nicht gelungen wäre, bei der gleichen Art der Ernährung bei Tieren schwere Krankheitserscheinungen hervorzurufen. In dem Augenblicke, in dem ein solcher Versuch gelungen war, war die Möglichkeit gegeben, in systematischer Weise zu prüfen, unter welchen Ernährungsbedingungen besondere Störungen des Wohlbefindens der Tiere auftreten und wie sie sich vermeiden lassen.

Das klassische Versuchstier für Versuche über den Einfluß der ausschließlichen Ernährung mit geschliffenem Reis ist das Huhn und vor allem die Taube geworden. Gibt man einer solchen außer Wasser ausschließlich geschliffenen Reis, dann erkrankt sie nach einer gewissen Zeit unter allen Umständen. Die Tiere zeigen zunehmende Appetitlosigkeit. Ihre Atmung verändert sich. Sie wird vertieft. Die Zahl der Atemzüge wird kleiner. Die Tiere zeigen ferner eine herabgesetzte Körpertemperatur. Ihr Gaswechsel ist herabgesetzt. Auf der Höhe der Störungen zeigen die Tauben zumeist schwerste Krämpfe. Sie werfen den Kopf hintüber. Sie überschlagen sich oft. Es treten auch Bewußtseinsstörungen auf. Untersucht man den Gaswechsel der Zellen der Gewebe, dann findet man, daß er stark erniedrigt ist. Die Zellen verbrauchen nur träge Sauerstoff und bilden dementsprechend wenig Kohlensäure. Frühzeitig ist der Orientierungssinn der Tauben gestört. Schließlich gehen sie unter Atemlähmung und vielleicht auch unter Herzlähmung zugrunde. Auch die Herztätigkeit ist nämlich stark verlangsamt. Nicht immer kommt es zu Krämpfen. Manchmal fallen die Tiere plötzlich um und sind tot. In anderen Fällen kommt es zu Lähmungen.

Das Wesentliche ist, daß bei der ausschließlichen Zufuhr von geschliffenem Reis so außerordentlich schwere Erscheinungen regelmäßig ohne jede Ausnahme auftreten. Das gibt zu denken! Es sei gleich hier angefügt, daß man genau die gleichen Krankheitserscheinungen beobachten kann, wenn man Tauben mit reinen Nahrungsstoffen, wie Eiweiß, Zucker, den Bausteinen der Fette und Mineralstoffen ernährt. Somit kann nicht ein im Reis vorhandener Giftstoff die schweren Störungen des gesamten Stoffwechsels bedingen!

Es bedeutete einen großen Fortschritt, als es gelang, das Zustandekommen der geschilderten Erscheinungen bei ausschließlicher Verabreichung von geschliffenem Reis zu verhindern bzw. vorhandene Erscheinungen zu beseitigen. Man fügte zum Reis Reiskleie bzw. Kleie von Getreidekörnern, vor allem erwies sich Hefe als sehr wirkungsvoll. Überraschend kleine Mengen dieser Produkte vermögen, der Reisnahrung zugefügt, das Auftreten der oben erwähnten Krankheitserscheinungen zu verhindern. Hat man es zum Ausbrechen der Störungen kommen lassen, dann kann man sie durch Verabreichung der genannten Produkte beseitigen! Man ist dann weiter gegangen und hat aus den erwähnten Stoffen durch bestimmte Mittel, z. B. Alkohol, Auszüge bereitet, die sich auch als wirksam erwiesen. Man hat ferner versucht, ganz bestimmte Verbindungen zur Abscheidung zu bringen, d. h. reine, wirksame Stoffe zu gewinnen. Dieses Ziel ist zur Zeit noch nicht erreicht. Man hat wohl die wirksamen Stoffe anreichern können. Je mehr man sie reinigte, um so unwirksamer wurden sie. Damit stoßen wir auf eine sehr wichtige Eigenschaft dieser noch unbekannten Stoffe von so hoher Bedeutung für den gesamten Stoffwechsel: sie sind sehr empfindlich. Wir wissen, daß sie höhere Temperaturen nicht vertragen. Sehr gefährlich ist ihnen ferner Alkali.

Unausgesetzte Bemühungen haben ziemliche Klarheit über die Bedeutung der erwähnten Stoffe für unseren Körper erbracht. Fehlen sie oder werden sie in zu geringer Menge mit der Nahrung zugeführt, dann ist der Stoffwechsel jeder einzelnen Körperzelle gestört. Vor allem leiden die Oxydationen. Man kann sehr wahrscheinlich von dieser Störung aus alle die mannigfaltigen Erscheinungen erklären, die bei einseitiger Ernährung mit geschliffenem Reis auftreten. Führen wir jene so wichtigen Stoffe zu, dann werden sofort die Zellfunktionen angefacht. Die Oxydationsvorgänge werden gesteigert. Die Körpertemperatur steigt an. Die Atmung und die Herztätigkeit werden wieder normal. Kurz und gut, der gesamte Stoffwechsel kehrt zur Norm zurück.

Diese Beobachtungen lehren uns, daß in unserer Nahrung, vorausgesetzt, daß sie in ihrer Zusammensetzung nicht ungenügend ist, Stoffe vorhanden sind, die in sehr kleinen Mengen ausreichen, um den Stoffwechsel der Zellen und die von ihm abhängigen so mannigfaltigen Funktionen in normalen Bahnen zu halten.

Man hat ferner Meerschweinchen einseitig mit geschälten Getreidekörnern, Erbsen usw. ernährt. Nach einiger Zeit treten Erscheinungen auf, die mit denen übereinstimmen, die beim Skorbut des Menschen zu finden sind. Die Tiere zeigen Schleimhautblutungen, die Zähne lockern sich. Genau so, wie man den Skorbut des Menschen durch Fruchtsäfte, frisches Gemüse heilen bzw. verhindern kann, vermag man beim Meerschweinchen durch Verabreichung von etwas Löwenzahn, Sauerampfer usw., ferner von Fruchtsäften, Heilung herbeizuführen. In manchen dieser Mittel sind die wirksamen Stoffe gegen Erwärmung sehr empfindlich, in anderen dagegen weniger. Auch hier bemerken wir, daß das Fehlen bestimmter Stoffe in der Nahrung zu charakteristischen Störungen führt. Sind sie in der Nahrung in auch nur sehr geringer Menge zugegen, dann verläuft der Stoffwechsel in normalen Grenzen.

Hier sei eingefügt, daß man bei allen Tieren schwerste Störungen erhalten kann, wenn man sie einseitig ernährt. Gibt man z. B. Ratten monatelang nur geschälte Getreidekörner, Erbsen, Bohnen, Lupinen, Mais usw., dann treten stets nach mehr oder oder weniger langer Zeit schwere Störungen auf. Sie äußern sich verschieden. Es kann zu Krämpfen, zu Lähmungen kommen. Am häufigsten sind Störungen von seiten der Augen und des Felles. Die Tiere werden lichtscheu. Die Augenbindehaut ist gerötet. Oft treten Trübungen in der Hornhaut auf. Es kommt schließlich zur Vereiterung des ganzen Auges. Das Fell lichtet sich. Gewöhnlich siedeln sich Parasiten in der Haut an. Schließlich sterben die Tiere unter den Erscheinungen allgemeiner Körperschwäche. Fügt man der Nahrung etwas Hefe, frisches Gemüse, Rüböl, Lebertran usw. zu, dann bleiben die Störungen aus.

Besonders interessant ist, daß Tiere, die längere Zeit ganz einseitig ernährt werden, das Vermögen, sich fortzupflanzen, einbüßen. Es tritt wieder auf, sobald der Nahrung von den oben erwähnten Nahrungsmitteln etwas zugesetzt wird. Bringen einseitig ernährte Tiere Junge zur Welt, dann sind diese nicht lebensfähig. Offenbar ist die Milch der Tiere in ihrer Zusammensetzung ungenügend und auch an Menge zu gering. Außerdem scheinen die jungen Tiere an und für sich wenig lebensfähig zu sein.

Die Beobachtung an einseitig ernährten Tieren erinnert stark an den oben erwähnten Zustand des Abgegessenseins beim Menschen, wenn er eine Nahrung erhält, die wenig Abwechslung bietet. In diesem Zusammenhange sei kurz der Beobachtung gedacht, daß nur dann unsere Verdauungsdrüsen in rege Tätigkeit geraten, wenn die Lust, Nahrung aufzunehmen, vorhanden ist, sei es, daß Hunger in uns die Lust, Nahrung aufzunehmen, weckt, sei es, daß bestimmte Vorstellungen, Geruchsreize usw. unseren Appetit wachrufen. Fehlen solche Anreize, dann fließen die Verdauungssäfte spärlich. Bei einseitig zusammengesetzter Nahrung tritt bald der Zustand der Unlust, Nahrung aufzunehmen, ein. Der Mensch zwingt sich zur Nahrungsaufnahme. Das Tier lehnt in vielen Fällen die Nahrung mehr oder weniger ganz ab und beginnt zu hungern.

Von ganz besonderer Bedeutung sind Beobachtungen an wachsenden Individuen geworden. Der Versuch, solche mit reinen Nahrungsstoffen, wie Eiweiß, Zucker, Fett, Mineralstoffe, zu ernähren, brachte die bedeutungsvolle Beobachtung, daß das Wachstum sehr bald ganz zum Stillstand kommt. Geringe Zusätze von Milch, Butter, Rüböl, Lebertran, Hefe usw. genügen, um das Wachstum wieder in Gang zu bringen. Es gibt somit Stoffe, die zur Anregung und zur Unterhaltung des Wachstums ganz unentbehrlich sind. Wir wollen diese Produkte Wachstumsstoffe nennen. Wir treffen sie vor allem in Fettsubstanzen an. Ohne ihre Anwesenheit ist ein Wachsen unmöglich! Charakteristisch ist auch hier, daß ganz kleine Mengen von solchen Stoffen ausreichen!

Aus allen diesen Erfahrungen — es sind nur die allerwichtigsten und die gesichertsten angeführt — ergibt sich, daß es Stoffe gibt, die in sehr kleinen Mengen ausreichen, um sehr wichtige Vorgänge in unserem Organismus durchzuführen. Wir kennen sie nach ihrer Zusammensetzung noch nicht. Sie kommen nur in kleinen Mengen vor und sind wohl alle gegen höhere Temperatur und vor allem auch gegen alkalische Reaktion sehr empfindlich.

Wir müssen uns nunmehr die außerordentlich wichtige Frage vorlegen, welche praktischen Folgerungen wir aus den erwähnten Forschungen über bisher unbekannte, in kleinen Mengen wirksame, für den normalen Ablauf des Zell- und Gesamtstoffwechsels unentbehrliche Stoffe zu ziehen haben.

Zunächst muß mit allem Nachdruck hervorgehoben werden, daß wir bei Tieren nur dann Störungen hervorrufen können, wenn wir ihre Ernährung künstlich einseitig gestalten. Dabei müssen wir auf das allerpeinlichste darauf bedacht sein, zu verhindern, daß ihnen auch nur die geringsten Mengen von anderen, die unentbehrlichen Stoffe enthaltenden Produkten zur Verfügung stehen. Aus dieser Feststellung ergibt sich ganz von selbst, daß beim Menschen und Tier, solange sie sich die Nahrung frei wählen können, nicht die geringste Gefahr für einen Mangel in der Ernährung vorhanden ist. Solange wir Gemüse, Obst u. dgl. zur Verfügung haben, ist es ganz ausgeschlossen, daß irgend welche Störungen im Stoffwechsel auftreten, wenigstens keine, die mit dem Mangel an den geschilderten Stoffen zusammenhängen. Die im Freien lebenden Tiere haben stets in ihrer Nahrung ausreichende Mengen aller zum Stoffwechsel notwendigen Stoffe. Auch die Haustiere sind so lange vor jeder Gefahr einer einseitigen, in der Zusammensetzung ungenügenden Ernährung geschützt, solange sie auf die Weide gehen können oder solange sie frisches Gras und frische Kräuter erhalten. Sobald sie jedoch unter abnorme Ernährungsbedingungen gestellt werden, dann laufen sie Gefahr, von bestimmten Stoffen zu wenig zu erhalten. Jede künstliche Ernährung birgt diese Gefahr in sich. Die ausschließliche Verabreichung von Mastfutter, von Rückständen irgend welcher Art (Ölkuchen usw.) kann zu Störungen führen.

Jede längere Zeit umfassende einseitige Ernährung des Menschen hat Schädigungen im Gefolge. Eine solche ist im großen und ganzen selten. Man muß solchen Vorkommnissen jedoch Beachtung schenken. Manche Näherin nahm vor der Kriegszeit nur Milch und Weißbrot auf und ernährte sich damit unzureichend! In manchen Gegenden und bei manchen Bevölkerungsschichten ist die Abwechslung in der Ernährung entschieden zu gering. Vor allem wird man in jedem Falle, bei dem es sich um die Ernährung vieler Menschen aus einer Küche handelt (in Krankenhäusern, Altersheimen, Gefängnissen usw.), ein Hauptaugenmerk auf eine abwechslungsreiche Kost haben müssen. Von größter Bedeutung für die zureichende Ernährung sind frische Gemüse, Obst und ferner bestimmte Fettarten, wie Butter, Pflanzenfette (Öle).

Nichts wäre verkehrter, als an Hand oberflächlicher Schätzungen über den Gehalt einzelner Nahrungsmittel an jenen noch unbekannten Stoffen eine Normalkost aufstellen zu wollen. Es besteht nicht der geringste Grund zu einer Ängstlichkeit in bezug auf eine unzureichende Ernährung, solange die Kost abwechslungsreich ist.

Nun unterliegt es keinem Zweifel, daß eine an sich vollwertige Nahrung bei der Zubereitung minderwertig werden kann! Es ist in manchen Gegenden, namentlich in solchen, in denen das Wasser sehr hart ist, Sitte, namentlich Gemüse mit Soda zu kochen! Dabei gehen ohne Zweifel manche, außerordentlich wichtige Stoffe in der Nahrung zugrunde! Man hat z. B. einen Hund vollständig mit Fleisch ernährt, das mit Soda gekocht worden war. Das Tier erkrankte nach einiger Zeit sehr schwer. Es wurde so schwach, daß es nicht mehr fähig war, sich zu erheben. Nach Verfütterung von nicht mit Alkali gekochtem Fleisch erholte sich das Tier bald wieder.

Bei jeder Art von Konservierung von Nahrungsmitteln muß man im Auge behalten, daß jene noch unbekannten Stoffe sehr empfindlich gegen höhere Temperaturen und gegen Alkali sind. Man wird lang dauerndes Erhitzen vermeiden und dafür sorgen, daß bei der Konservierung alkalische Reaktion vermieden wird. Die Konserven-Industrie hat sich die Errungenschaften der Erforschung jener eigenartigen, so wichtigen Stoffe zunutze gemacht. Bei jeder Art von Konservierung von Nahrungsmitteln muß dafür gesorgt werden, daß ihre Vollwertigkeit im ganzen Umfang erhalten bleibt.

Man wird sich in Zukunft mehr als bisher die Frage vorlegen müssen, ob der Gehalt unserer Nahrungsmittel an den so wichtigen, noch unbekannten Stoffen immer annähernd der gleiche ist, oder aber, ob er von der Art der Ernährung jener Organismen abhängig ist, deren Bestandteile wir als Nahrung aufnehmen. Es ist nach neueren Erfahrungen das letztere der Fall. Der Gehalt der Milch an Wachstums- und anderen Stoffen ist abhängig von der Art der Ernährung des mütterlichen Organismus. Auch die Kuh- und Ziegenmilch — jene Milcharten, die für unsere Ernährung in Frage kommen — haben je nach der Art der Ernährung der sie liefernden Tiere eine verschiedene Wertigkeit. Es sollten, wenn immer möglich, Kühe und Ziegen mit frischem Futter (Gras, Kräutern) ernährt werden, sofern sie als Milch liefernde Tiere in Betracht kommen. Auch der Speck der Schweine ist in seinem Gehalt an jenen unbekannten Stoffen und insbesondere an Wachstumsstoffen abhängig von der Art der Nahrung, die zur Aufnahme gekommen ist. Der Speck kann ganz frei von solchen Stoffen sein! Man wird vor allem der Margarine eine erhöhte Aufmerksamkeit zuwenden müssen! Es gibt ohne jeden Zweifel im Handel Margarine, die so gut wie frei von jenen unbekannten Stoffen, die eine so große Bedeutung für die Ernährung haben, ist.

Es muß immer wieder betont werden, daß nur dann Schädigungen auftreten können, wenn jemand sich ausschließlich von nicht vollwertigen Nahrungsmitteln zu ernähren hat. Sobald daneben vollwertige Nahrung zur Aufnahme gelangt, bleiben Störungen aus. Man kann somit ohne jeden Schaden an jenen Stoffen sehr arme Nahrungsmittel aufnehmen, wenn nur daneben vollwertige Nahrungsmittel, vor allem frisches Gemüse, Obst, zur Aufnahme gelangen. Hervorgehoben werden muß auch, daß die Konserven, so wie sie heute hergestellt werden, ihren vollen Nährwert beibehalten. Immerhin wird es unter allen Umständen gut sein, neben ihnen auch frische Nahrungsmittel aufzunehmen.

In diesem Zusammenhange sei kurz die Frage gestreift, ob nicht die Möglichkeit besteht, daß durch die Art der Düngung der Gehalt der Pflanzen an jenen wichtigen Stoffen verringert wird. Wir stoßen mit diesem Problem auf die wichtige Frage der Herkunft dieser Produkte. Wer bildet sie? Man nimmt allgemein an, daß der tierische Organismus und auch wir nicht imstande seien, sie hervorzubringen. Vielmehr wird angenommen, daß entweder die Pflanzen sie herstellen oder aber die im Ackerboden lebenden kleinsten Lebewesen — die Bodenbakterien. In letzter Linie sind wir und alle Tiere auf die Pflanzenwelt angewiesen. Sie erzeugt mit Hilfe ihres Blattgrüns, unter Mitwirkung des Sonnenlichtes aus ganz einfachen Stoffen — Kohlensäure, Wasser, Salpeter usw. — organische Verbindungen mannigfaltigster Art. Darunter befinden sich auch die wichtigen Nahrungsstoffe Zucker, Fett, Eiweiß. Wir können diese Verbindungen nicht von Grund aus aufbauen. Ohne Pflanzenwelt ist kein tierisches Leben möglich! Es ist naheliegend, anzunehmen, daß die Stoffe, von denen wir hier sprechen, mit der Pflanzennahrung in unseren Körper hineingelangen. Nehmen wir Fleisch auf, dann beziehen wir in seinen Inhaltsstoffen auch in gewissen Sinne umgewandelte Pflanzenstoffe, denn es ist aus solchen hervorgegangen. Somit können auch die ursprünglich in Pflanzenzellen entstandenen, für unsere Ernährung unentbehrlichen Stoffe im Fleisch zugegen sein.

Es ist sehr wohl denkbar, daß die Art der Düngung des Bodens von entscheidendem Einfluß auf die Bildung jener noch unbekannten Nahrungsstoffe sein kann. Unter natürlichen Verhältnissen vollzieht sich in der Natur ein Kreislauf der Stoffe und der Kraft. Pflanzen und Tiere sterben. Der kunstvolle Bau des gesamten Organismus und aller Zellen wird unter dem Einfluß von Bakterien und anderen Lebewesen vollständig zertrümmert. Es werden Stoffe erzeugt, die der Pflanzenwelt wieder als Nahrung dienen können. Da, wo vor kurzen eine Leiche dem Boden überantwortet wurde, erblüht neues Leben! Unter natürlichen Verhältnissen übergibt das Tier seine Stoffwechselendprodukte auch dem Boden. Auch der Mensch hat in früheren Zeiten Kot und Harn diesem zugeführt. Je mehr die Menschen sich von den natürlichen Lebensbedingungen entfernten, je mehr sie anfingen, eng zusammenzuwohnen, um so mehr war es zur Verhinderung der Ausbreitung von Seuchen usw. notwendig, Maßnahmen zur Entfernung von allerhand Abfallstoffen zu treffen. Sie werden den Flüssen zugeführt oder verbrannt. Gleichzeitig stiegen die Anforderungen an den Ackerboden. Er sollte immer mehr hergeben, und gleichzeitig beraubte man ihn der natürlichen Düngestoffe! So kam immer mehr eine rationelle künstliche Düngung auf. Man führt dem Ackerboden jene Stoffe, an denen er Mangel leidet, in mehr oder weniger reiner Form zu. Nun ist der Ackerboden mit einem lebenden Organismus zu vergleichen! Er beherbergt eine Unzahl verschiedenster Lebewesen. Sie alle arbeiten sich in die Hände. Der eine Mikroorganismus verarbeitet einen bestimmten Stoff zu einem bestimmten Produkte, das von einem anderen Lebewesen wieder weiter verwandelt wird, bis schließlich jene Stoffe gebildet sind, die der Pflanze als Nahrungsstoffe dienen. Auch sie bedarf übrigens noch unbekannter, in geringen Mengen wirkender Reizstoffe um alle ihre Funktionen erfüllen zu können. Vielleicht sind es gleiche oder ähnliche Produkte, die auch in unserem Körper so bedeutungsvolle Aufgaben erfüllen. Würde man einen Ackerboden ausschließlich mit künstlichen Düngemitteln versorgen, dann ist der Fall wohl denkbar, daß im Pflanzenwachstum sich Störungen einstellen würden. Vor allem ist es denkbar, daß die Bildung jener unbekannten Stoffe Not litte. Der Organismus „Ackerboden" befände sich in gewissem Sinne unter den gleichen Bedingungen, wie ein Tier, das nur die uns bekannten Nahrungsstoffe in reinster Form erhält! Es erkrankt unweigerlich. Gewiß würde auch der Organismus „Ackerboden" mit seinem unter sich die mannigfaltigsten Wechselbeziehungen pflegenden Zellstaat krank. Nun kommt es ja wohl kaum vor, daß über längere Zeit hinaus eine ausschließliche Zufuhr von künstlichen Düngestoffen — Nahrungsstoffe für die Bodenfauna und nach erfolgter Umwandlung der Pflanzenwelt — erfolgt. Neben der natürlichen Düngung mit Mist usw. haben die künstlichen Düngemittel eine große Bedeutung.

Wir wollen mit dem Hinweise auf mögliche Schädigungen der Pflanzenwelt durch die Art der Düngung die Aufmerksamkeit auf ein Gebiet lenken, das von den erwähnten Gesichtspunkten aus noch viel zu wenig überdacht und erforscht ist. Da wir alle von der Pflanzenwelt und ihren Leistungen abhängig sind, macht sich eine mangelhafte Ernährung von Vertretern des Pflanzenreiches direkt oder indirekt bei unserer Ernährung geltend! Nimmt eine Kuh Nahrung auf, die jene wichtigen, noch unbekannten Nahrungsstoffe in zu geringer Menge enthält, dann erhalten wir eine an ihnen arme Milch. Verzehren wir Gemüse usw., das auf einem Boden gewachsen ist, der die Möglichkeit zur Bildung jener Produkte nicht gibt, dann leiden wir Mangel an diesen, wenn wir daneben nicht vollwertige Nahrungsmittel zur Verfügung haben. Dieser Fall, daß frisches Gemüse, Obst usw. in bezug auf die in Frage stehenden Stoffe minderwertig wäre, infolge der Anpflanzung auf nicht „vollwertig" gedüngtem Boden, ist übrigens bis jetzt nicht mit Sicherheit festgestellt.

Von besonderer Bedeutung ist es, daß in unserem Leben nur eine einzige Periode vorhanden ist, in der wir von Natur aus einseitig ernährt werden. Es ist dies die Säuglingsperiode. Unter normalen Verhältnissen wird die ausschließliche Ernährung mit

Milch schon im sechsten bis siebten Monat aufgegeben. Es kommt zur Verabreichung von fein gehacktem Gemüse, von Brei aus Kartoffeln, Karotten usw. Immer mehr wird die Milch mit dem zunehmenden Alter des Kindes als ausschließliche Nahrung zurückgedrängt. Im späteren Leben ist für unseren Organismus die gemischte Nahrung, wobei mit Vorteil die Pflanzenkost im Übergewicht ist, die normale. Es ergibt sich ganz von selbst eine mehr oder weniger große Abwechslung. Eine Zulage von besonderen Nahrungsstoffen mit Ausnahme von etwas Kochsalz ist in keinem Falle erforderlich.

Ist eine Mutter nicht in der Lage, ihr Kind zu stillen, muß zu einem Ersatz gegriffen werden, dann wird man ein Hauptaugenmerk auf eine ausreichende Zufuhr an den so wichtigen, noch unbekannten Nahrungsstoffen legen. Ein Mindergehalt an Wachstums- und sonstigen Stoffen würde zu Störungen führen. Besonders sorgfältig ist die Ernährung von Säuglingen, Kindern und auch von Erwachsenen zu leiten, wenn die Ernährung aus irgend welchen Gründen künstlich gestaltet werden muß, d. h. wenn Nährpräparate in Frage kommen. Vergessen wir nie, daß wir mit der gewöhnlichen, natürlichen Nahrung alle Nahrungsstoffe aufnehmen, die unser Körper für alle seine Leistungen notwendig hat. Wir brauchen uns nicht um die Zufuhr der Mineralstoffe, der organischen Nahrungsstoffe und der hier besprochenen, unbekannten Nahrungsstoffe zu kümmern. Je weniger wir in unsere Ernährung hineinregieren, je freier wir sie entfalten lassen, je mehr wir den natürlichen Bedürfnissen und Verhältnissen Rechnung tragen, um so weniger laufen wir Gefahr, daß Störungen in der Ernährung mit ihren Folgeerscheinungen auftreten. Sobald wir aus irgendwelchen Gründen Nahrungsstoffe oder -mittel aus der Fabrik beziehen, muß die Aufmerksamkeit einer vollwertigen Ernährung zugewandt werden. Kein einziger Nahrungsstoff ist unwichtig! Wie in einer kunstvoll aufgebauten Maschine jede Achse, jede Schraube, jedes Rad usw. unentbehrlich ist und das Fehlen auch nur eines winzigen Teilchens sie zum Stillstand bringen kann, so bedürfen wir unausgesetzt der so außerordentlich bedeutungsvollen Mineralstoffe, neben organischen Nahrungsstoffen bekannter und unbekannter Art.

Merkblätter des Reichsgesundheitsamtes: Alkohol-Merkblatt — **Bandwurm-** und **Trichinen-**Merkblatt — **Blei**-Merkblatt — **Chromgerber**-Merkblatt — **Dasselfliegen**-Merkblatt — **Diphtherie**-Merkblatt — **Feilenhauer**-Merkblatt — **Ruhr**-Merkblatt.

Preis dieser Merkblätter je 5 Pf.; 100 Expl. eines Merkblattes M. 3.—; 1000 Expl. M. 25.—. Diphtherie-Merkblatt 35 Pf. Plakatausgabe des Alkohol-Merkblattes: 100 Expl. M. 6.—; 1000 Expl. M. 50.—

Milch-Merkblatt — **Cholera**-Merkblatt.
Preis dieser Merkblätter je 10 Pf.; 50 Expl. eines Merkblattes M. 4.—; 100 Expl. M. 7.—; 1000 Expl. M. 60.—

Tuberkulose-Merkblatt. Preis 25 Pf.

Typhus-Merkblatt. Preis 40 Pf.

Merkblatt über **Hautpilzerkrankungen**, insbesondere über Bartflechten und scherende Flechten. (Für Ärzte.)
Preis 25 Pf.; 100 Expl. M. 15.—; 1000 Expl. M. 120.—

Arzneipflanzen-Merkblätter des Reichsgesundheitsamtes, bearbeitet in Gemeinschaft mit dem Arzneipflanzen-Ausschuß der Deutschen Pharmazeutischen Gesellschaft Berlin-Dahlem.

1. Allgemeine Sammelregeln. 2. Bärentraubenblätter. 3. Herbstzeitlosensamen. 4. Bitterkleeblätter. 5. Arnikablüten. 6. Huflattichblätter. 7. Kamillen. 8. Löwenzahn. 9. Wildes Stiefmütterchen. 10. Kalmuswurzel. 11. Schafgarbe. 12. Ehrenpreis. 13. Stechapfelblätter. 14. Tausendgüldenkraut. 15. Quendel. 16. Hauhechelwurzel. 17. Wollblumen. 18. Rainfarn. 19. Eisenhut (Akonit)-Knollen. 20. Malvenblüten und -blätter. 21. Wermutkraut. 22. Tollkirschenblätter. 23. Fingerhutblätter. 24. Bilsenkrautblätter. 25. Wacholderbeeren. 26. Bibernellwurzel. 27. Schachtelhalm. 28. Isländisches Moos. 29. Steinkleekraut. 30. Bärlappsporen. 31. Katzenpfötchenblüten. 32. Blätter und Blüten zur Teebereitung.

Preis jedes Merkblattes 10 Pf.; 20 Expl. eines Merkblattes M. 1.20; 100 Expl. eines Merkblattes M. 4.—; Buchausgabe aller 32 Merkblätter in festem Umschlag. 1917. Preis M. 1.80.

Merkblatt über **Teemischungen** für den Haushalt, Ersatzmittel für Chinesischen Tee. Herausgegeben vom Reichsgesundheitsamt.
Preis des Merkblattes 10 Pf.; 20 Expl. M. 1.20; 100 Expl. M. 4.—

Pilz-Merkblatt. Die wichtigsten, eßbaren und schädlichen Pilze. Mit einer Pilztafel mit 32 farbigen Abbildungen. Bearbeitet im Reichsgesundheitsamte.
Preis 45 Pf.; 50 Expl. M. 21.35; 100 Expl. M. 32.15; 1000 Expl. M. 282.25 (einschl. Teuerungszuschläge).

Hierzu Teuerungszuschläge

GPSR Compliance
The European Union's (EU) General Product Safety Regulation (GPSR) is a set
of rules that requires consumer products to be safe and our obligations to
ensure this.

If you have any concerns about our products, you can contact us on

ProductSafety@springernature.com

In case Publisher is established outside the EU, the EU authorized
representative is:

Springer Nature Customer Service Center GmbH
Europaplatz 3
69115 Heidelberg, Germany